「亲近自然」名家原创儿童文学丛书

# 藏着故事的二十四节气

谭旭东 主编

海嫫 著

黑龙江少年儿童出版社

图书在版编目（CIP）数据

藏着故事的二十四节气 / 海嫫著. -- 哈尔滨 : 黑龙江少年儿童出版社, 2018.10（2023.1 重印）
（“亲近自然”名家原创儿童文学丛书 / 谭旭东主编）
ISBN 978-7-5319-5987-8

Ⅰ. ①藏… Ⅱ. ①海… Ⅲ. ①二十四节气－少儿读物 Ⅳ. ①P462-49

中国版本图书馆CIP数据核字(2018)第229796号

藏着故事的二十四节气

Cangzhe Gushi de Ershisi Jieqi

海嫫 著

出 版 人：张　磊
统筹策划：李春琦
责任编辑：高　彦
封面设计：丁　龙
内文插图：丁　龙
内文制作：文思天纵
责任印制：李　妍 王　刚
出版发行：黑龙江少年儿童出版社
（黑龙江省哈尔滨市南岗区宣庆小区8号楼 150090）
网　　址：www.lsbook.com.cn
经　　销：全国新华书店
印　　装：北京一鑫印务有限责任公司
开　　本：787mm×1092mm　1/12
印　　张：4.5
书　　号：ISBN 978-7-5319-5987-8
版　　次：2018年10月第1版
印　　次：2023年1月第2次印刷
定　　价：38.00元

# 目录

# 用诗表现世界的丰富

谭旭东

近两年，市面上出现了不少关于二十四节气的童书，有的是绘本，有的是科普读物，有的是散文集，但还没有以二十四节气为题材的童诗集。

我一直写童诗，出版了多部作品集，而且我在北京、广州、深圳、洛阳和嘉兴等地的小学做语文教育指导时，也发现孩子们其实很喜爱读诗，也爱写诗。

我喜欢那些优美、有想象力、有灵动思想的文字，于是就萌发了写一本适合孩子读的关于二十四节气的童诗集的想法。我把这一想法告诉了黑龙江少年儿童出版社的李春琦老师，她很支持，而且希望我主编一套关于二十四节气的童书。

这套二十四节气儿童诗由耿立、林乃聪、海嫫和我四个人共同创作。耿立是一位著名散文家，也是大学教授，会讲作文，既有理论素养，又有创作能力；既写散文随笔，又写诗，是难得的优秀诗人。林乃聪是一位语文教研员，也是多年在一线从事儿童诗教的诗人，出版了多部儿童诗集，是优秀诗人兼资深诗教专家。海嫫是一位诗人，还是一位童话作家，她对儿童阅读和语文教育有自己的理解，出版了多部作品集。而我本人也在大学任教，从事童诗创作和语文教育指导工作多年。并且，值得一提的是，我还是北师大中国儿童阅读提升计划项目首席专家，而耿立、海嫫和林乃聪都是这个项目的专家。因此，这套诗集的作者，我不谦虚地说，都是很棒的。抛开作者因素，单从作品本身来说，这套诗集也是用心之作。我们的写作非常认真、严肃，不是那种为了完成某个社会主题或自然素材的“任务”的被动写作，而是因为喜爱孩子，内心保持着儿童的天真，在童心的驱使下的主动写作。所以这套关于二十四节气的“‘亲近自然’名家原创儿童文学丛书”，无疑有着满满的童心，有着对孩子满满的爱。

这套关于二十四节气的儿童诗集“‘亲近自然’名家原创儿童文学丛书”，是我们与黑龙江少年儿童出版社的诗意合作，诗心碰撞。这四本诗集展示了世界的丰富，世界的美，读者可以感受到自然之美、之趣，也可以感受到生活之美、之趣，还可以感受到人生之美、之趣。好的诗，不是简单的玩儿几个意象，而是要有深度，有个性，有风格，有独特的气质。好的儿童诗，不但要有意向美，还要有趣味美、意境美和思想美，更要有童心之美。

希望读者喜欢这套二十四节气儿童诗集！

2018年盛夏初稿于上海大学

定稿于北京寓所

# 立春

“打春鸡”有彩色布条的花尾巴　奶奶缝的
它在我的帽子上安了家　之后
一双谁也看不见的手
开始一点儿一点儿把春天变来
它先擦掉天空中的雪花
擦掉河流里的冰
再捉住那些跑来跑去的风慢慢焐热
然后“嘭”的一下在迎春藤上点出第一朵花朵
滴答滴答的时钟和一切的一切
就走进了春天

闷闷不乐了一个冬天的喜鹊
站在最高的树枝上歌唱
立春　立春　立春啦

## 知识点链接

立春是二十四节气中的第一个节气，一般在每年公历的2月3日、4日或5日，被认为是新一年的开始，民间也称立春为打春。但立春并不意味着春天的真正到来，这时气温依然较低，甚至有降雪，但此时梅花傲雪盛开，暗香浮动。鲁南地区素有立春在儿童衣帽上缝一对打春鸡的风俗，传说这样可以驱邪祛病。

# 雨水

翻了几下日历
冬和他的雪孩子们就走远了
他们要回到遥远的天国

没有雪花的天空开始多雨
种珠宝的人开始忙碌
他的蒿草开始发芽
香艾开始发芽
葡萄藤开始发芽
太阳温暖
云彩调皮

种珠宝的人
在窗前　河边　山坡
黑天白日
一刻也不停

他有一件珠宝的斗笠和蓑衣
在雨水里闪闪发光

**知识点链接**

雨水是二十四节气中的第二个节气，一般在每年公历的2月18日、19日或20日。这个时节冬去春来，气温回升，降雪减少，雨水增多。此时正是嫁接果木、植树造林的好时节，杏花绽开，桃李含苞，进入季节上的春天。民间有“春雨贵如油”的说法，所以要及时浇灌，以满足小麦拔节孕穗关键期的水分供应。

## 惊蛰

咔嚓咔嚓　轰隆隆　好可怕啊
咔嚓咔嚓　轰隆隆　好可怕啊

我想说其实
擎着闪电镜跑的　不是我
敲着雷鸣鼓追的　不是我
吓了西瓜虫一跳的　不是我
召唤黑蚂蚁红蚂蚁爬出洞的　也不是我

咔嚓咔嚓　轰隆隆　好可怕啊

只有我知道
擎着闪电镜跑的　敲着雷鸣鼓追的
没有乘飞毯
没有驾风火轮
更没有骑拖把
它们都有一双神秘的飞鞋
每一只鞋里都住着
咔嚓咔嚓　轰隆隆的可怕兄弟

## 知识点链接

惊蛰是二十四节气中的第三个节气，一般在每年公历的3月5日、6日或7日。这个时节冬天蛰伏土中的冬眠生物开始活动。惊蛰前后乍暖还寒，这时我国的黄河中下游大部分地区渐有春雷，惊醒了蛰伏在泥土中冬眠的动物，部分地区进入了春耕季节。

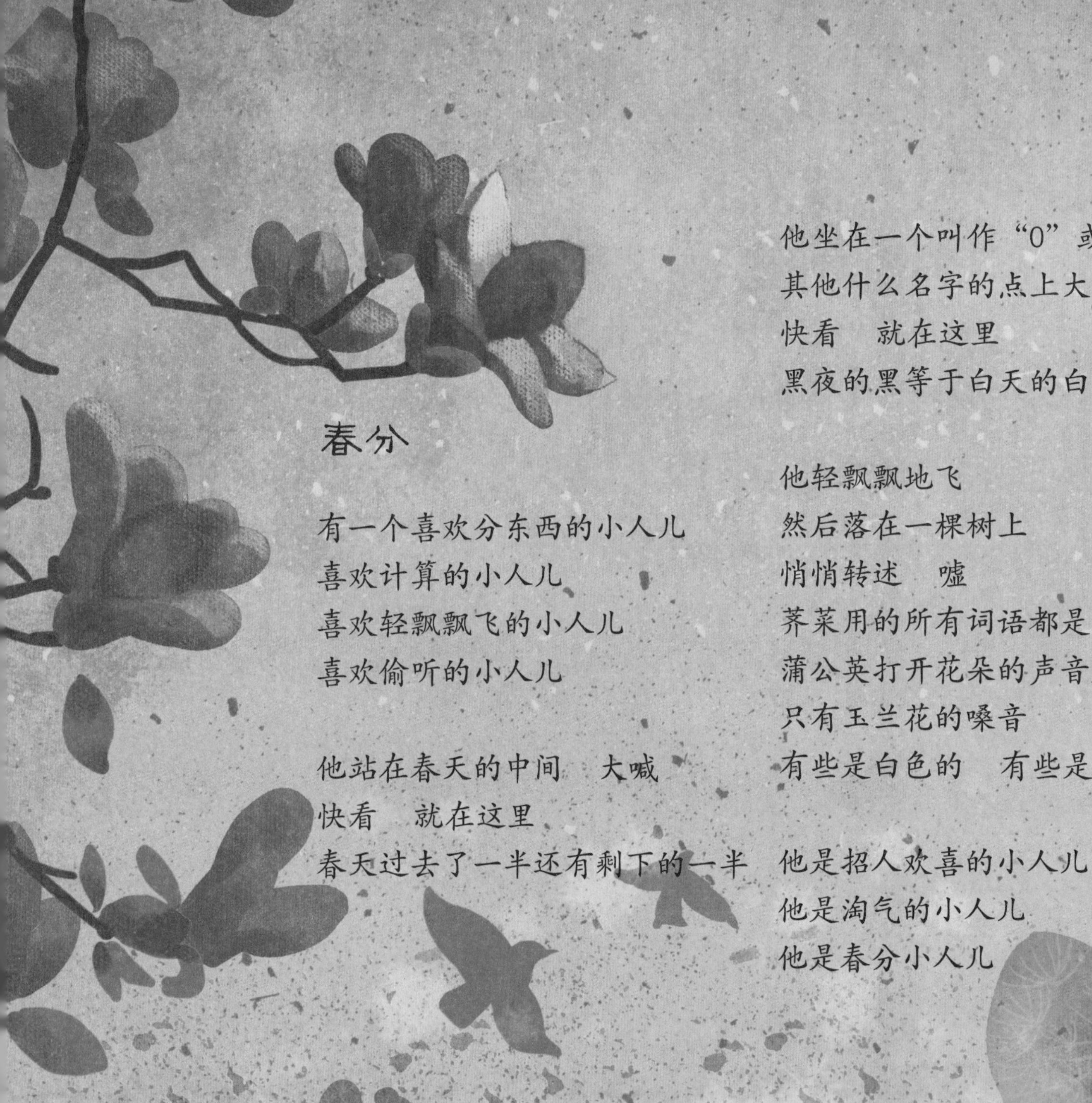

## 春分

有一个喜欢分东西的小人儿
喜欢计算的小人儿
喜欢轻飘飘飞的小人儿
喜欢偷听的小人儿

他站在春天的中间　大喊
快看　就在这里
春天过去了一半还有剩下的一半

他坐在一个叫作“0”或者
其他什么名字的点上大叫
快看　就在这里
黑夜的黑等于白天的白

他轻飘飘地飞
然后落在一棵树上
悄悄转述　嘘
荠菜用的所有词语都是绿色的
蒲公英打开花朵的声音是黄色的
只有玉兰花的嗓音
有些是白色的　有些是粉红色的

他是招人欢喜的小人儿
他是淘气的小人儿
他是春分小人儿

## 知识点链接

春分是二十四节气中的第四个节气，一般在每年公历的3月20日或21日，太阳黄经位于0°，阳光直照赤道，这一天南北半球昼夜相等，处于春季90天的中间。春分前后气温浮动较大，越冬作物将进入春季生长阶段；此时梨花、桃花、樱桃花次第开放，玉兰花、樱花也开始争艳。

# 清明

清明草哭了
白色的花穗上挂满泪珠
谁也不要声张 想念总是很长

比如落下来的树叶
比如枯掉的香草
比如再也不回来的外婆
她们走得越远 想念就越长

这事只有蜜蜂有办法

我们快跑 我们坐下
我们藏在谁也看不见的地方
听清明草和蜜蜂说一些想念的话

我们绝不声张
也许巨大的蟒蛇 或者狮子就在我们身后
它们会一下跳出来
吞掉我们以及村庄 道路 清明草 蜜蜂
和那些想念的话语

我们只说 清明前后种瓜种豆

## 知识点链接

清明是二十四节气中的第五个节气，一般在每年公历的4月4日、5日或6日。天气逐渐转暖，春意盎然，草木萌发新芽，樱桃花纷纷落下，端庄素雅的苹果花竞相开放。清明节这一天也是祭扫坟墓、缅怀先人的日子。

## 谷雨

梧桐树上
所有花儿的眼睛都在盯着我
对不起　我不是来偷花香的
不是来采花蜜的

如果你没看清楚　那……
我就是头上长着花纹　到处闲逛的柳絮
或者忙着演唱的布谷鸟
布谷布谷　雨生百谷

如果　你已经看得一清二楚
我只好是戴着帽子　爬上树
学着布谷鸟叫的我

## 知识点链接

谷雨是二十四节气中的第六个节气，也是春季的最后一个节气，一般在每年公历的4月19日、20日或21日。这个时节降雨及时且雨量充足，滋润五谷，古有谚语说“雨生百谷”；水中浮萍开始生长，布谷鸟鸣叫着提醒人们播种，满树的梧桐花紫气正浓，紫藤、葡萄藤上花穗纷扬，满街的柳絮如烟。

## 立夏

呔
我大叫　可是没有用

夏天这只野兽正
一点儿一点儿地吞掉春天和住在春天的我

千真万确

如果你不相信　那请问地上樱花的残渣是怎么回事
伏在篱笆上的蔷薇藤瑟瑟发抖是怎么回事

现在　最重要的事情是
我要给还留在外面的人们打个电话
告诉他们　这里越来越热

等等　为什么
外面小草疯长　槐花开得热闹

**知识点链接**

立夏是二十四节气中的第七个节气，也是夏季的第一个节气，一般在每年公历的5月5日、6日或7日。这个时节夏季开始，气温渐渐升高，炎暑将近，雷雨增多，农作物进入旺盛的生长期，万物欣欣向荣，牡丹、鸢尾花盛开，槐花如雪，甜美的桑葚上市。

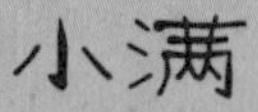


好吧　今天我不想扮演乖孩子
好吧　今天我不想假装天使
不过　今天幸亏我捉住了这头叫作“小满”的兽

穿过楼群　铁轨　高大无比的树林
有一个隐蔽的乐园
那里有黄瓜藤妖怪　茄子苗妖怪
黑天牛精灵　纺织娘精灵和蚂蚁骑士
他们和平相处　只偶尔发生战争

我的兽用白糖一样白的羽毛
抚摸麦穗　麦粒便开始饱含浆液
它们将长成仙女或者一罐金子

## 知识点链接

小满是二十四节气中的第八个节气，一般在每年公历的5月20日、21日或22日。小满开始，大麦、冬小麦等夏收作物的籽粒开始饱满，但尚未成熟，俗语说“小满小满，麦粒渐满”。此时石榴花开得如火如荼，蔷薇花芳香怡人。

# 芒种

收割机丢失巨大的“隆隆”声很久了
我翻遍仓房里的每一个角落　也找不到

唉　一定要在芒种之前找到它们

老鼠们虽然经常光顾仓房
但是　我相信
它们绝对搬不动那么大的声音

有一只麻雀曾经飞进仓房
还站在收割机上发了一会儿呆
不过　它大概不会需要这样的声音
何况它用了“隆隆”声
“啾啾”声该去哪里呢

我必须发出紧急求救信
因为麦子已经泛黄
麦芒儿放着金光

**知识点链接**

芒种是二十四节气中的第九个节气，一般在每年公历的6月5日、6日或7日。这个时节我国的长江中下游地区雨量增多，气温升高，进入连绵的雨季，麦类等有芒作物成熟，可以收藏种子；这期间素淡的栀子花开，凤仙花竞相争艳。

## 夏至

有一条热龙
一定要听清楚　是热龙
不是火龙　不是飞龙　更不是啮齿龙

它很大　很宽　很能吃
直到有一天它把白天撑得最长
大人们说　夏至到了
开始准备凉面　炸酱面
大人们有时也只知道吃

月亮有些忧伤　它沉了又沉
最后掉进池塘里
差点儿被青蛙们吃掉

## 知识点链接

夏至是二十四节气中的第十个节气，一般在每年公历的6月21日或22日，太阳黄经为90°，正午太阳最高，白昼最长，过了夏至，北半球的白昼就一天比一天缩短。这个时节，骄阳下白睡莲、粉睡莲刚刚露出婀娜的样子，牵牛藤上花苞簇簇如同繁星。

# 小暑

小暑和大暑
到底谁是姐姐　谁是妹妹呢
袋鼠先生和狐狸小姐为此争论不休

为了方便争吵
袋鼠先生关闭了原来的缝纫铺
从很远的地方搬来
狐狸小姐卖掉了原来的鲜花店
从另一个很远很远的地方搬来
现在　袋鼠先生的凉茶屋就在狐狸小姐扇子铺的隔壁
他们的生意很火爆
根本就没有时间争吵　偶尔空闲
他们也会说　天气热得一句话也不想说

也许　你完全不相信
你会说他们以前离那么远怎样争吵呢

当然可以
他们用电话呗

## 知识点链接

小暑是二十四节气中的第十一个节气，一般在每年公历的7月6日、7日或8日。小暑的到来标志着我国大部分地区进入炎热的季节，但还不到最热的时候。农历“六月六”相传是龙宫晒龙袍的日子，因为这一天差不多是在小暑的前夕，是阳光辐射最强的日子，人们选择在这一天“晒伏”，让衣服接受阳光的暴晒，去潮除湿，防霉防蛀。

## 大暑

就在大暑的这一天
我差点儿被烤成肉干儿
我能感觉到身体越来越小
不断冒汗　还滋滋冒烟

一场暴雨救了我
我浑身没有一点儿力气
顺着雨水漂流
一只蚂蚁发现了我
费了九牛二虎之力把我拖进了洞里
谢天谢地
它和它的同伴们没想好怎么吃我　把我丢在了一边

幸运的是　我及时发现了洞里露出的一点儿草根
沿着它拼命挖　拼命挖　最终回到了地面

## 知识点链接

大暑是二十四节气中的第十二个节气，同时也是夏季的最后一个节气，一般在每年公历的7月22日、23日或24日。这一时期是我国广大地区一年中最炎热的时期，正值中伏前后，雨水最丰沛、雷暴最常见，喜热作物生长速度最快，也是茉莉花飘香、荷花开放最盛的季节。

## 立秋

白色　粉色　紫色的牵牛花
很快抢占了整个狮子坡
它们还想沿着我的脚趾
向上爬
沿着我的小腿　大腿　腰部　手臂和脖子
向上爬
它们要在我的头顶
结满小灯笼一样的种子

我必须逃跑　因为我很忙
我要问候兔子坡的花椒娃娃
我要和麻雀坡的芦苇兄弟讨论事情
我还要……

直到后来 我才发现
牵牛花们很勇敢
它们爬呀爬呀就从夏天爬进了立秋

## 知识点链接

立秋是二十四节气中的第十三个节气，也是秋天的第一个节气，标志着孟秋时节的正式开始，一般在每年公历的8月7日、8日或9日。这个时节，丝瓜、南瓜结满藤，缤纷的牵牛花开满篱笆，梧桐树开始落叶，因此有“落叶知秋”的成语。这一时节会出现中午热、早晚凉的天气，此后“一场秋雨一场凉，十场秋雨就结霜”。

## 处暑

不要替我担心　不要啰啰唆唆
我已经准备好　马上出发

我扛着枪
戴着楸树叶的帽子
还喝了一肚子红豆汤

我要去打猎
抓住那只秋老虎
把它狠狠打倒在地
然后　关进我建造的城堡里
那里有紫巨人　蓝矮人　红鼻子人
绿眼睛人　火人　冰凌人
还有无数个魔法师
那里真是很热闹　可又一团糟

## 知识点链接

处暑是二十四节气中的第十四个节气，一般在每年公历的8月22日、23日或24日。从这一天开始，太阳辐射减弱，气温逐渐下降；在处暑尾声时，气温会再次升高，俗称“秋老虎”。秋天是收获的季节，此时节里向日葵沉甸甸，鸡冠花红艳艳。

如果　我只有小米粒大
我就搬进露珠房子里
在那里我可以仰卧　俯卧　翻筋斗　倒立
没有谁对着我大喊　不行　不可以
就连讨厌的蝉叫声也离我越来越远

但是　我绝对不能打喷嚏
露珠房子可经不住太大的震动

哦　我还是打喷嚏吧
最好一口气打一百六十八个
没有月光的夜晚　露珠房子一定会越来越冷
何况我不喜欢这么孤单

## 知识点链接

白露是二十四节气中的第十五个节气，一般在每年公历的9月7日、8日或9日。这个时节，由于温度降低，水汽在地面或近地物体上凝结而成水珠。有谚语说："白露的花儿，有一搭无一搭"，但是花儿们并不介意别人怎么说，这个时节太阳花、金鸡菊开得正烂漫。

## 秋分

从春天走到秋天路途很远
我已经气喘吁吁　两腿发软
我左脚的鞋子破了一个大洞
右脚的鞋子也不怎么样
我来到这里
只是为了寻找我的秋分之马
我要带着我的长剑骑上它

去视察我的枫树林　我的苹果园
我的松鼠家　我的蜘蛛网
还有我的野蜜蜂巢

当然　它们有可能并不欢迎我
没什么大不了
只要它们不用可恶的拉拉秧绑架我

## 知识点链接

秋分是二十四节气中的第十六个节气，一般在每年公历的9月22日、23日或24日，这时太阳到达黄经180°（秋分点），直射地球赤道，全球各地昼夜等长。这一时节，气候由热转凉，雷电渐息，秋高气爽，巧云幻变，桂花香飘四溢。据史书记载，古代帝王就有春分祭日、夏至祭地、秋分祭月、冬至祭天的习俗。

# 寒露

据说　秋深之后
鸟儿们纷纷投入了大海
变成牡蛎　海虹　花蛤　甚至铁甲螃蟹

但是　我绝对不相信
因为　我的头发里正住着一窝小鸟
它们正欢乐地啄我的头皮　帽子和衣领
没有一点儿想离开的意思

什么
麻雀不是候鸟

这真是一个坏消息
也是一个好消息
这样至少我不需要有离别的忧伤

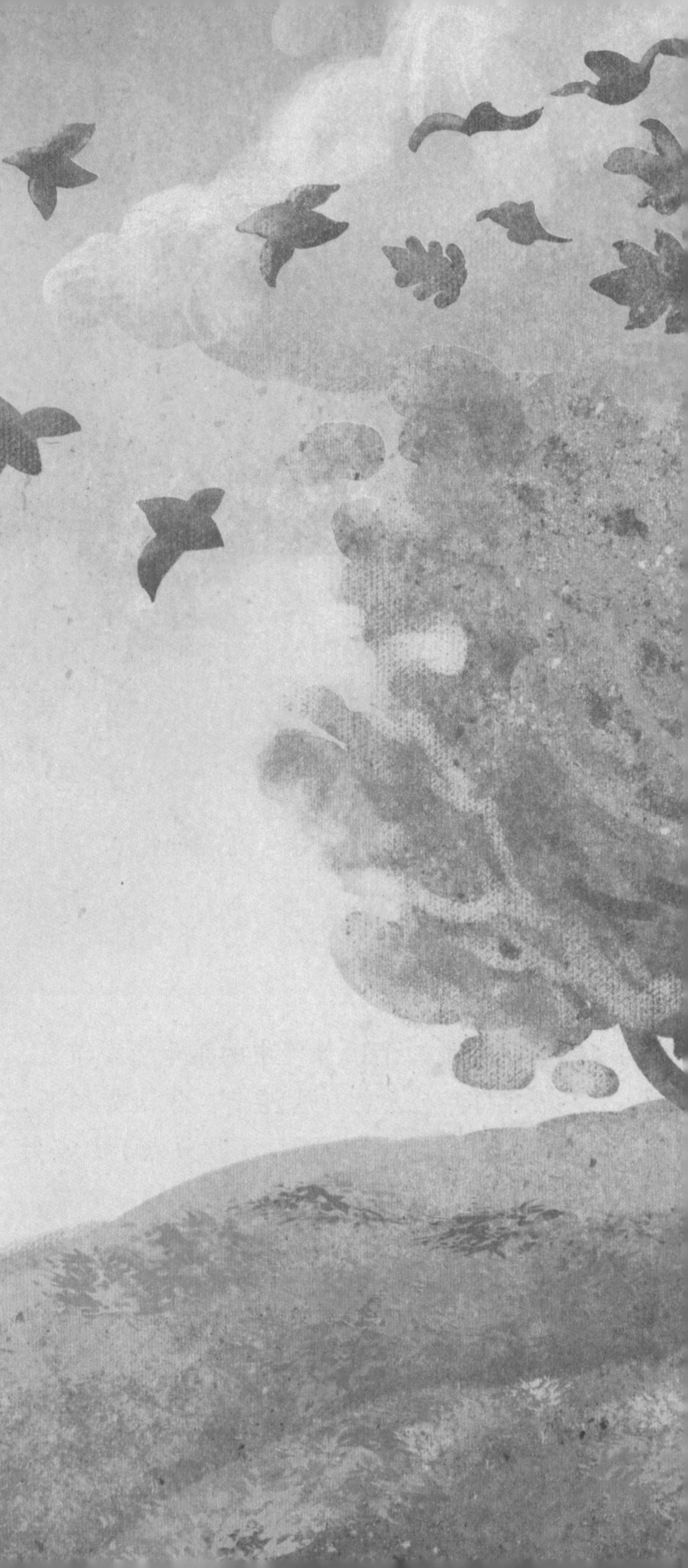

## 知识点链接

寒露是二十四节气中的第十七个节气，一般在每年公历的10月7日、8日或9日。这一时节，北半球气温继续下降，天气更冷，露水有森森寒意，故名为“寒露”。此时百花凋零，但菊花开始争奇斗艳，满山枫叶红透；寒露时节北方地域燕子开始了南迁的大潮。

# 霜降

有一个月亮突然掉下来
它有这么大　这么大
不对　好像比桃酥大一点儿
对　就像烧饼那么大

它从最高的柿子树上
滚落到第二高的山楂树上
又滚落到第三高的桑藤树上
又滚落到最矮的枯草叶尖

它一路向前　停在巷口张望
它不说话　它一定来自别的什么国家

后来　它在走过的每一个院落撒下纯银的霜花
贫穷的　富有的　人人有份

那些木门　铁门的门缝儿把它拉得又薄又长
但是没有一扇门愿意真的把它拦下

## 知识点链接

霜降是二十四节气中的第十八个节气，也是秋季的最后一个节气，一般在每年公历的10月23日或24日。黄河流域初霜期一般在10月下旬，与“霜降”节令相吻合。霜对生长中的农作物危害很大，素有“霜降杀百草”之说，但是挂在树上的柿子、黑枣经过严霜之后，去了青涩、多了甘甜，北方有霜降时节吃红柿子的习俗。

## 立冬

猜对了　今天我最想吃的晚餐
就是香喷喷的西北风拌面
我有枫叶的盘子　杨树叶的碗
毫无疑问　想一想这一切都很棒

立冬的西北风收割起来并不难
我必须买一把足够大的镰刀
但是　据说卖镰刀的老人还在山那边
他的步伐慢得像蜗牛

也许我要等上九九八十一年

到那时　我的肚皮一定会饿得
像一片落叶　一张白纸那么扁

好吧　来点儿青菜加米饭也可以

## 知识点链接

立冬是二十四节气中的第十九个节气，一般在每年公历的11月7日或8日。民间以立冬为冬季之始，此时北方已是寒风乍起，风干物燥、花草凋零，诸多树木落尽繁华，苍茫中的寒松柏树成了青绿的点缀。

## 小雪

酿菊花酒的小人儿　住在彩虹国
她有金黄色的围裙

印染屋的白狐狸　住在雪国
它有天空一样蓝色的眼睛

谁也猜不到不会七十二变的笨天使
就住在隔壁的顶楼上
她不会朗读　不会计算
不会回答很多问题
口袋里也没有装着很多办法

最要命的是　她羽毛凌乱
只在小雪的这一天起飞过一次
歪歪扭扭扇起了一小阵儿风
抖落了一小点儿白绒雪花

可是　我喜欢她
对不起　我不该说她的坏话

## 知识点链接

小雪是二十四节气中的第二十个节气，一般在每年公历的11月22日或23日。这一时节，北方冷空气势力增强，气温下降，降水中出现雪花，为初雪阶段，还不到大雪纷飞的时节，但是千变万化的冰凌花会常常出现在窗棂之间。

## 大雪

终于走到地球的尽头
我绝对不敢再向前迈出半步
害怕掉进无边无际的外太空

我眼睁睁看着太阳
吻了我的脚尖后慢慢落下
巨大的热量差点儿让我变成一头卷发
突然冒出来的星星像一群逛街的孩子
它们说的全是外太空的话

我像诗人一样观看风景

然后踏着厚厚的积雪　返回
一路努力踩出“咯吱”“咯吱”的声音
提醒自己不可以在寒风中倒下

你对我说的每句话总是摇头
好吧　就算我又在自说自话

**知识点链接**

大雪是二十四节气中的第二十一个节气，一般在每年公历的12月6日、7日或8日。此时太阳直射点快接近南回归线，北半球昼短夜长。这一时节北方已是“千里冰封，万里雪飘”的严冬了。

## 冬至

卖饺子了　卖饺子了
馅儿多的饺子五毛钱一个
馅儿少的饺子三毛钱一个
没有馅儿的饺子一毛钱一个
不像样的饺子五分钱一个

假如　有人胆敢不吃冬至饺子
就会被风怪咬掉小鼻子和小耳朵
变成冰河里的大头鱼和可怜的光头树

卖饺子了　卖饺子了
所有的饺子都是我一个人做
有红橡皮泥饺子　绿橡皮泥饺子……

假如　有人胆敢不吃冬至饺子
就……

## 知识点链接

冬至是二十四节气中的第二十二个节气，一般在每年公历的12月21日、22日或23日。此时太阳几乎直射南回归线，我们北半球的这一天白昼最短。冬至是数九的第一天，标志着迈进一年中气温最低的“三九”天；冬至以后白昼渐长，气温持续下降。许多地方有冬至吃饺子的习俗。

## 小寒

我筋疲力尽
呼出的每一口气都是水雾

冬天这只可恶的老怪
正在啃咬我的脚趾
嗨　我双腿麻木
我必须想办法把冰封的河面砸破逃离这里

我筋疲力尽
来不及跟我的鱼兄弟们告别
另外　我要奉劝那些想变成鱼的人
千万不要选择在冬天

现在　我只想回家坐在炉火边
假装什么也没发生过　假装乖孩子

## 知识点链接

小寒是二十四节气中的第二十三个节气，一般在每年公历的1月5日、6日或7日。小寒的到来标志着开始进入一年中最寒冷的日子。进入小寒，民间年味渐浓，人们开始“忙年”；虽天寒地冻，但窗外梅花、窗内水仙纷纷含苞待放。

## 大寒

再来一条喷火龙
不要鳄鱼　不要藏羚羊

冬天冻得瑟瑟发抖
月亮也结了冰
我必须做点儿什么
像一个真正的男子汉
我已经堆好了十二个雪人列兵
现在就发起冲锋

骑行中我写下战书
“谁藏了春天？快出来跟我战斗！”
请原谅我把每个字都写得这么丑
因为我一心寻找春天
而且骑喷火龙实在是一件不容易的事儿

## 知识点链接

大寒是二十四节气中的第二十四个节气，一般在每年公历的 1 月 20 日或 21 日。此时太阳到达黄经 300°。这是一年中最寒冷的时候，水域中的冰一直结到水中央，厚且结实。过了大寒后又是立春，迎来新一年的节气轮回。

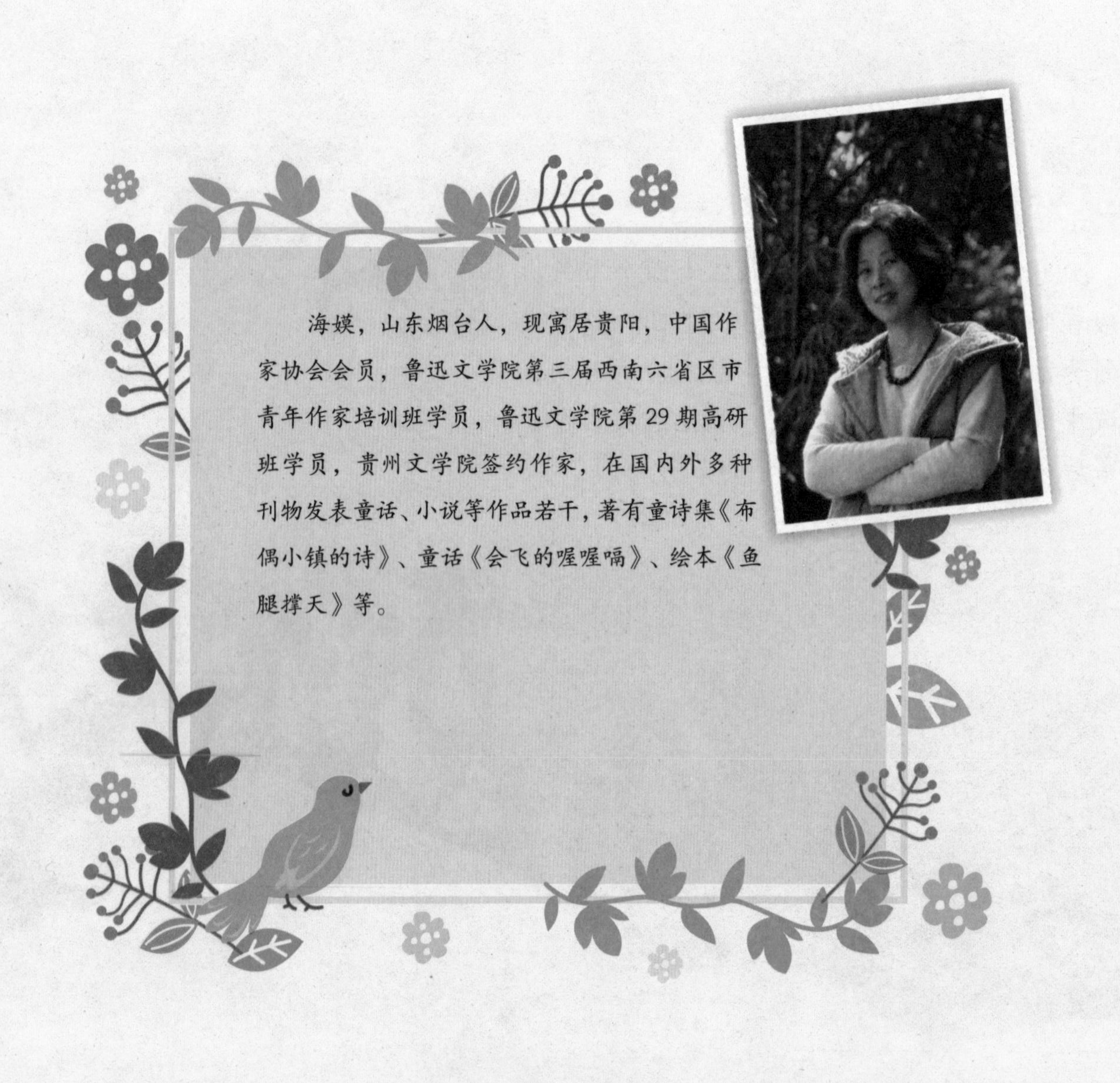

海媄，山东烟台人，现寓居贵阳，中国作家协会会员，鲁迅文学院第三届西南六省区市青年作家培训班学员，鲁迅文学院第29期高研班学员，贵州文学院签约作家，在国内外多种刊物发表童话、小说等作品若干，著有童诗集《布偶小镇的诗》、童话《会飞的喔喔嗝》、绘本《鱼腿撑天》等。